Bibliografische Information der Deutschen Nationalbibliothek:

Die Deutsche Bibliothek verzeichnet diese Publikation in der Deutschen National-
bibliografie; detaillierte bibliografische Daten sind im Internet über http://dnb.d-
nb.de/ abrufbar.

Impressum:

Copyright © 2017 GRIN Verlag
Druck und Bindung: Books on Demand GmbH, Norderstedt Germany
ISBN: 9783668670167

Dieses Buch bei GRIN:

https://www.grin.com/document/417999

Kevin König

Lernvoraussetzungen von Schülerinnen und Schülern im Kontext Globalen Lernens

Inwiefern haben sich die Lernvoraussetzungen durch eine global ausgerichtete Welt verändert und was bedeutet dies für den Geographieunterricht?

GRIN Verlag

FAU Erlangen-Nürnberg
Lehrstuhl für Didaktik der Geographie
Seminar: Lernvoraussetzungen von SuS
SS 2017

Lernvoraussetzungen von Schülerinnen und Schülern im Kontext Globalen Lernens:

- inwiefern haben sich die Lernvoraussetzungen durch eine global ausgerichtete Welt verändert und was bedeutet dies für den Geographieunterricht?

Kevin König

30.09.2017

Inhaltsverzeichnis

1. Einleitung

Unterricht verläuft stets unter bestimmten Bedingungen, welche bereits vor der Unterrichtsplanung bedacht und berücksichtigt werden sollten. Eine der entscheidenden Bedingungen stellen die Lernvoraussetzungen von Schülerinnen und Schülern dar. Diese individuell verschieden ausgeprägten Lernvoraussetzungen können den Unterricht stark beeinflussen. Zentrale Leitfragen sind dabei u.a.

- „welche Interessen haben die SuS?"
- „wie weit reicht das Vorwissen?"
- „wer sind die Adressaten meines Unterrichts?"

Bezogen auf das Unterrichtsziel kann ebenfalls die Relevanz der Lernvoraussetzungen veranschaulicht werden. Auf der einen Seite sollte das gewählte Lernziel stets die Lernvoraussetzungen der SuS berücksichtigen, während bei speziellen Themen ohne ein gewisses Maß an Interesse oder Vorwissen das Unterrichtsziel nicht erreicht werden kann. Auch muss berücksichtigt werden, dass verschiedene SuS ganz individuelle Lernvoraussetzungen mitbringen, welche es ebenfalls zu berücksichtigen gibt. In Zeiten des Internets und besonders der sozialen Netzwerke haben sich die Lernvoraussetzungen weiter verändert.

In dieser Arbeit soll zunächst ein grundlegender Überblick zu den wesentlichen Charakteristiken von Lernvoraussetzungen skizziert werden. Weiterhin soll kurz aufgezeigt werden, inwiefern sich Lernvoraussetzungen im Kontext einer immer globaler ausgelegten Gesellschaft verändert haben. Einen Bezugsrahmen zwischen Lernvoraussetzungen und inhaltlichen Leitmotiven stellt das Konzept des „Globalen Lernens" dar, welcher ebenfalls komprimiert vorgestellt werden soll.

Im weiteren Verlauf sollen einige empirische Befunde zu Lernvoraussetzungen aufgezeigt und anschließend auf das Konzept des Globalen Lernens projiziert werden. Das erkenntnisleitende Interesse liegt somit in der Entwicklung der individuellen Lernvoraussetzungen der SuS für den Geographieunterricht und ferner in der Vereinbarkeit dieser Veränderungen dem Konzept des Globalen Lernens. Abschließend sollen darauf aufbauend Rückschlüsse auf Unterrichtsplanung und Durchführung in Form von didaktischen Konsequenzen formuliert werden.

2. Lernvoraussetzung von SuS

Bei der Gestaltung von Lehr-Lernprozessen ist es unabdingbar auch die Lernvoraussetzungen von Schülerinnen und Schülern als Basis für zielorientierten Unterricht zu berücksichtigen. So sollten etwa stets Einstellungen, Vorstellungen und Interesse von SuS in die Planung des alltäglichen Geographieunterrichts berücksichtigt werden. Hierbei gibt es allgemeinpädagogische Ansätze, welche für jedes Unterrichtsfach von Relevanz sind. Die Geographiedidaktik versucht darauf aufbauend einen theoretischen Bezugsrahmen zu schaffen, indem u.a. empirische Forschungsarbeit bezüglich der Zusammenhänge von Lernvoraussetzungen und Unterrichtsinhalten, bspw. Einstellungen gegenüber bestimmten Themengebieten der Geographie, geleistet wird. Die daraus resultierenden Erkenntnisse bilden eine Grundlage für lernzielorientierte Unterrichtsmaterialien, -methoden und die Gestaltung einer möglichst optimalen Lernumgebung. In diesem Kapitel soll folglich versucht werden, die wesentlichen Bestandteile der Lernvoraussetzungen zu skizzieren, um diese in darauffolgenden Kapiteln als Grundlage für didaktische Konsequenzen nutzen zu können.

2.1 Theoretische Grundlagen

Bevor ein Zusammenhang von geographischen Fachinhalten und Lernvoraussetzungen untersucht werden kann, ist es zunächst sinnvoll, sich mit den grundlegenden Charakteristiken von Lernvoraussetzungen zu beschäftigen. Ganz allgemein betrachtet, lassen sich diese als „Summe aller Bedingungen" (KORTE, 2010 S.90) von Schülerinnen und Schülern vor Beginn einer neuen Lernsituation, d.h. speziell vor einem neuen geographischen Thema oder einer neuen Arbeitsweise, zusammenfassen. So lassen sich Lernvoraussetzungen in zwei untergeordnete Bereiche einteilen:

1. <u>Individuelle Lernvoraussetzungen</u> und

2. Umfeldbezogene Lernvoraussetzungen.

Beim Einordnen dieser Bereiche ist ebenfalls anzumerken, dass zwischen der pädagogischen, psychologischen, soziologischen und der didaktischen Perspektive unterschieden werden kann. Hierbei führen alle koexistierenden Voraussetzungen dazu, dass eine gänzlich individuelle Lernsituation der Lernenden gebildet wird. Ferner stehen die einzelnen Lernvoraussetzungen in einem „prinzipiell dynamischen" (KLAFKI 1973 S.162) Verhältnis zueinander, sodass das Zusammenwirken dieser letztendlich den Lernerfolg der Schülerinnen und Schüler bestimmen kann. In dieser Arbeit soll es primär um die individuellen Lernvoraussetzungen gehen, da diese in einem direkteren Zusammenhang zur Lehrkraft besitzen bzw. von den SuS ausgehen. Die umfeldbezogenen Lernvoraussetzungen, zu welchen u.a. die familiäre Situation und der soziale Status gehören, würden folglich einen zu großen Bezugsrahmen schaffen, welcher eher für eine allgemeinpädagogische Forschung geeignet wäre.

- Individuelle Lernvoraussetzung:

Individuelle Lernvoraussetzungen	
Kognitive	Intelligenz, Kenntnisse, Fertigkeiten, Kompetenzen (Anwenden können von Kenntnissen und Fertigkeiten), Vorwissen, Konzentration, Verstehens- und Merkfähigkeit, Lernstrategien
Emotionale	(Lern-)Leistungsängste, Schüchternheit, Freude, Sicherheitsbewusstsein, Risikofreude, Erfolgshoffnung, Misserfolgsbefürchtung, Denkmuster
Motivationale	Beweggründe für Lernen wie Neugierde, Interesse, Bedarfe und Bedürfnisse, aber auch Einstellungen, Denkmuster und Haltungen

Abb.1: Zusammensetzung individueller Lernvoraussetzung (Quelle: WINTER & ACHTENHAGEN, 2008)

Die individuellen Lernvoraussetzungen umfassen alle Bereiche, welche von den biologischen bzw. psychologisch-ethologischen Gegebenheiten der Schülerinnen und Schüler gegeben oder bestimmt werden (Abb.1).

Hierzu zählen u.a. kognitive Bereiche, wie bspw. die Intelligenz, welche als mehrdimensionale Fähigkeit beschrieben werden kann, die erlaubt „neue Gesetzmäßigkeiten in bestehenden Abläufen zu erkennen, ebenso wie kreativ zu sein und zu Problemlösungen zu kommen" (KORTE 2010 S.91). Eine starke Ausprägung dieser kann im Kontext des Geographieunterrichts besonders von Vorteil sein, indem die SuS bspw. anhand vorhandener Bodenressourcen eines Staates auf kulturgeographische Konsequenzen schließen können. Somit kann die Intelligenz nach dieser Definition weitere Bereiche aus den kognitiven Lernvoraussetzungen stark beeinflussen, steht jedoch hierarchisch nicht in einer übergeordneten Stellung. So kann auch das Vorwissen, welches bereits erworbene Handlungsstrategien bezeichnet, sowie „vor Inangriffnahme einer bestimmten Lernaufgabe besteht und [...] einen dynamischen Prozess aus aktuell erworbenen Wissen und Vorwissen beschreibt" (LANGFELD 2006 S.62) ein relevanter Aspekt der kognitiven Lernvoraussetzung sein. Hierbei kann es in der Praxis des Geographieunterrichts zum Beispiel von Vorteil sein, dass die SuS im Kontext nachhaltiger Energie bereits die Vor- und Nachteile von erneuerbaren Ressourcen kennen, sodass eine Kohärenz aus Vorwissen und neuem Wissen entstehen kann.

Hinzu kommen auch emotionale Lernvoraussetzungen (Abb.1), welche als „Ergebnisse einer ganzheitlichen Bewertung der momentanen Lage, die dann ihren Niederschlag in einer Erlebniskomponente („Gefühl"), einer neuro-physiologischen Aktivierungskomponente, einer Kognitionskomponente, einer motorischen Komponente und anderen Komponenten haben kann" (UHLENWINKEL 2013 S.34) beschrieben werden können. Diese Komponenten werden von den meisten Vertretern der Verhaltensforschung als hierarchisch gleichberechtigt behandelt, jedoch kann eine Komponente im individuellen Lernprozess stärker hervortreten und somit die anderen negativ oder positiv beeinflussen (UHLENWINKEL S.37ff.). Im Kontext des Faches Geographie lässt sich eine solche Beeinflussung einer Komponente auf eine oder mehrere andere besonders häufig erkennen. So kann die Erlebniskomponente, d.h. das Gefühl bei SuS nach einem Urlaub in der im Unterricht geplanten Regionen durchaus beeinflussen. Konkret bedeutet dies, dass ein Schüler, welcher unmittelbar vor der Unterrichtssequenz „Mittelmeerraum" in Italien einen schönen Urlaub verbracht hat, eine andere, da positiv beeinflusste Lernvoraussetzung mitbringt.

Zu den motivationalen Lernvoraussetzungen, welche in einem weiteren Kapitel noch genauer durchleuchtet werden sollen, zählen u.a. hauptsächlich das Interesse, Vorstellungen und Einstellungen von Schülerinnen und Schülern (Abb.1). Bei der Voraussetzung „Interesse", welche sich grundlegend als die kognitive Anteilnahme bzw. Aufmerksamkeit einer Person für eine Sache oder einen Inhalt definieren lässt, werden in der psychologischen Interessenforschung zwei Perspektiven formuliert (KRAPP 2011 S.27ff.):

1. <u>Prozessorientierte Perspektive</u>

zentrale Fragestellung: Wie kann das Interesse einer Person zu einer Sache/Inhalt im aktuellen Zustand geweckt werden und welche Auswirkungen ergeben sich?

2. <u>Strukturorientierte Perspektive</u>

untersucht dauerhafte, d.h. über einen längeren Zeitraum anhaltende Zustände des Interesses einer Person zu einer Sache/Inhalt

Die prozessorientierte Perspektive gilt es im Geographieunterricht demnach für sämtliche angestrebten Lehr-Lernprozesse zu berücksichtigen. Es sollte ein gewisses Maß an aktuellen Interesse seitens der Schülerinnen und Schüler bestehen, damit sich diese mit den geographischen Inhalten im Unterricht befassen. Etwas komplexer ist hierbei die strukturorientierte Perspektive, bei welcher die Lehrkraft einen Unterrichtsgegenstand so gestalten kann, dass bei sämtlichen SuS ein dauerhaftes Interesse für den Inhalt entstehen kann. Wichtig wird diese Perspektive andererseits dann, wenn es im Geographieunterricht nicht ausschließlich um konkretes Fachwissen (bspw. Eigenschaften von Vegetationszonen) geht, sondern ein komplexes Wirkungsgefüge eingeführt werden soll und sequenzübergreifend in anderen Unterrichtsthemen wieder aufgegriffen werden soll. Ein solches könnte u.a. der Themenbereich „nachhaltige Entwicklung" sein, welcher sowohl im Lernbereich „Heimatraum Bayern", als auch später im Bereich „Tropischer Regenwald" das zentrale Lernziel darstellen soll. Auch sollte diese auf nachhaltiges Interesse ausgelegte Perspektive generell im Kontext einer immer weiter vernetzten und global ausgerichteten Gesellschaft auch im Geographieunterricht und den dort behandelten globalen Themen stets berücksichtigt werden. Hierauf wird nun im weiteren Verlauf der Arbeit genauer eingegangen, wenn es um das Globale Lernen im Geographieunterricht gehen soll.

3. Einfluss des Globales Lernens auf Lernvoraussetzungen von Schülerinnen und Schülern

3.1 Veränderungen der Lernvoraussetzungen von SuS

Gegenwärtig kann bei Schülerinnen und Schülern eine sehr bedeutende Veränderung in Bezug auf ihre Lernvoraussetzungen, insbesondere bei den individuellen, festgestellt werden. Konnte man besonders im frühen und mittleren 20. Jahrhundert noch von halbwegs homogenen Lernvoraussetzungen sprechen, so bringen die SuS der heutigen Generation bspw. zum Teil extrem unterschiedliche Interessens- und Einstellungshaltungen mit in den Unterricht (vgl. REINFRIED 2010, S.22f.). Als Grund für diese Heterogenität können mitunter vielfältige Faktoren der Entwicklung und Erziehung der SuS herangezogen werden, zu denen bspw. der Einfluss Digitaler Medien oder die allgemeine gesellschaftliche Veränderung zählen (REINFRIED 2010, S.26.). Ferner stellt der Globalisierungsprozess eine der Hauptursachen für veränderte Lernvoraussetzungen der SuS dar. Eine der Begleiterscheinungen ist der äußerst ausgeprägte Informationsfluss, welcher den Jugendlichen etwa durch die Nutzung sozialer Medien und Netzwerke zur Verfügung steht. War es früher noch äußerst schwierig sich über das Leben in bspw. der USA zu informieren, reicht gegenwärtig eine kurze Internetrecherche aus um ein halbwegs authentisches Bild der gesellschaftlichen Verhältnisse in diesem Staat zu erhalten. Dies hat zum einen positive Auswirkungen, denn es ist davon auszugehen, dass eben dieses Wissen über das Leben oder andere kulturelle Aspekte (u.a. Politik und Wirtschaft) bei den heutigen SuS deutlich ausgeprägter ist. Es kann also ein höheres Maß an elementaren *Vorwissen* (Kap. 2.1 „kognitive Lernvoraussetzung") bei einigen Themenbereichen erwartet werden. Allerdings unterscheidet sich dieses Vorwissen eben durch diesen ausgeprägten Informationsfluss sowohl quantitativ, als auch qualitativ. Dies stellt die Lehrkraft vor die Herausforderung genau einzuschätzen, inwiefern individuelle Unterschiede zum Vorwissen des zu behandelnden Themas bestehen. Auch der Aspekt der *Einstellungen* (Kap. 2.1 „motivationale Lernvoraussetzungen") der SuS gegenüber bestimmten Themeninhalten hat sich verändert. So können manche Themen durch die starke Präsenz in den Medien zu einer individuell positiveren Vorstellung geführt haben, während andere Inhalte wiederum nun negativ behaftet sein könnten. Als Beispiel könnte hier der Themenbereich Klimawandel genannt werden: Durch die ständige Präsenz in den (sozialen) Medien kann man davon ausgehen, dass SuS gegenwärtig mehr Vorwissen über den Klimawandel mitbringen, als noch vor etwa 50 Jahren. Dies resultiert daraus, dass auch weniger visuelle Einflüsse dieses Phänomens existierten und man in der Vergangenheit gezielt und aufwendig nach Informationen zu diesem Thema suchen musste. Durch das Veranschaulichen der Folgen des Klimawandels erfahren die SuS heute auch sehr nahbar, warum dieser auch für vermeintlich katastrophenresistente Staaten wie Deutschland von Relevanz ist, wodurch sich die Einstellung gegenüber diesem Thema gewandelt hat. Im Umkehrschluss sollte man auch davon ausgehen können, dass das *Schülerinteresse* (Kap. 2.1) an einigen geographischen Themen gestiegen ist, da eine qualitative (Bilder) und quantitative (Präsenz in den Medien) Zunahme der Informationen darüber zur Verfügung stehen. Eine Überprüfung dieser Annahmen soll im weiteren Verlauf dieser Arbeit durchgeführt werden.

Im Kontext des Geographieunterrichts gibt es die Entwicklung, diese veränderte Ausrichtung der Informationsbeschaffung als Folge einer global vernetzten Welt als großes Potenzial aufzunehmen und folglich ein übergeordnetes Konzept für geographisches Lehren und Lernen zu schaffen. Umgesetzt wurde dies vor allem durch die Implementierung des „Globalen Lernens", welches im folgenden Abschnitt skizziert werden soll.

3.2 Konzeption und Inhalte Globalen Lernens

Parallel zur immer weiter vorangeschrittenen Globalisierung hat sich in der Vergangenheit auch im Geographieunterricht ein neuer Ansatz herausgebildet, welcher nicht mehr verschiedene Fachinhalte, Themen oder Regionen einzeln betrachtet und ferner vermittelt. Vielmehr wird beim Globalen Lernen auf die „Internationalisierung der gesellschaftlichen Verhältnisse und der weltweiten Problemlagen" (APPLIS 2010, S.15) eingegangen, welches wiederum bedeutet, dass als eine Art globales Leitmotiv für sämtliche Inhalte des Unterrichts existieren soll. Hierbei werden also auch die Wechselwirkungen der geographischen Inhalte und Themen in den Vordergrund gerückt, wobei gleichzeitig Erscheinungen der Globalisierung aufgegriffen und die persönliche Einbindung der Schülerinnen und Schüler in globale Prozesse erfahrbar gemacht werden sollen (SCHRÜFER 2012, S.10). Um diesen neu ausgelegten Lernprozess messbar zu machen wurde beispielsweise der „Orientierungsrahmen für den Lernbereich Globale Entwicklung" erstellt, welcher fächerübergreifend Anregungen schafft, inwiefern Inhalte des globalen Lernens in den Unterricht integriert werden können. So solle das globale Lernen keineswegs ausschließlich durch internationalisierte, d.h. globale Themen durchgeführt werden.

Im Geographieunterricht wird die „Erde" in erster Linie als dreidimensionaler Raum definiert, welcher in verschiedenen Maßstabsebenen bzw. Perspektiven erfasst werden kann. Das Spektrum dieser Ebenen reicht dabei von der sublokalen bis zur globalen Ebene. In den Bildungsstandards für das Fach Geographie wird diesbezüglich aufgezeigt, dass *„der spezielle Beitrag des Faches Geografie zur Welterschließung [...] in der Auseinandersetzung mit den Wechselbeziehungen zwischen der Natur und der Gesellschaft in Räumen verschiedener Art und Größe [liegt]"* (DGFG 2014, S.5).

Demnach sollte bei der Auswahl der Lerninhalte und Durchführung der Prozesse eine Balance zwischen Globalität und Lokalität eingehalten werden:

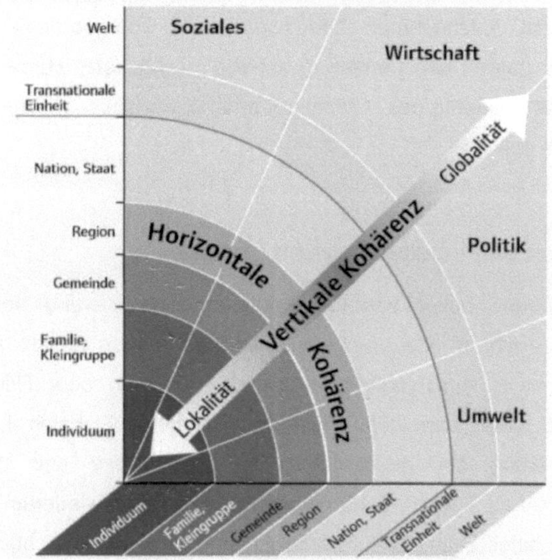

Abb.2: horizontale und vertikale Kohärenz des globalen Lernens (Quelle: KMK 2007/2015, S.47)

Das Problemfeld, welches sich beim Erstellen dieser Kohärenz von Globalität und Lokalität auftut, besteht darin, dass es dem einzelnen Individuum (bspw. SuS) schwer fallen kann, den eigenen Anteil an den übergreifenden Entwicklungen (bspw. globaler Wirtschaft) nachzuvollziehen (Abb.1). Auf der anderen Seite stellt die globale Makroebene eine Sichtweise dar, welche es erschwert die Bedürfnisse und Funktionen des Einzelnen angemessen zu berücksichtigen. Diese horizontale und vertikale

Kohärenz gilt es in den Unterrichtsinhalten zu berücksichtigen, welches *„für Lernprozesse und das daraus resultierende zukunftsfähige Urteilsvermögen und Verhalten des Einzelnen eine große Herausforderung darstellt"* (KMK 2007/2015, S.47). Aufbauend auf diesen Leitmotiven sind ferner auch Kompetenzen formuliert, welche die Schülerinnen und Schüler im Laufe des Geographieunterrichts erreichen sollen, um im Sinne einer globalisierten Welt verantwortungsvoll mit verschiedenen Problemstellungen und Themenbereichen umgehen zu können. Versucht man die Ziele eines Globalen Lernens zu definieren, so stellt man fest, dass sich dies in einem so komplexen Bereich durchaus schwierig gestalten lässt. Für die Umsetzung im Geographieunterricht wurde demnach der Begriff „Interkulturelles Lernen" abgespalten, welches als Hauptziel die „interkulturelle Kompetenz" formuliert, *die „im Rahmen einer multikulturellen Gesellschaft und der Entwicklung hin zu einer Weltgesellschaft als Schlüsselqualifikation anzusehen sei"* (HÖHNLE 2014, S.26). Gestützt wird diese Annahme u.a. von Gabrielle Schrüfer, welche vom *„allgemeinen Beitrag der Geographie durch die Thematisierung vieler unterschiedlicher Kulturen"* (SCHRÜFER 2010, S.102) spricht.

3.3 Empirische Forschungsergebnisse zu Lernvoraussetzungen

Nachdem bisher die Lernvoraussetzungen von SuS und deren Entwicklung, sowie das Konzept des Globalen Lernens vorgestellt wurden, soll es nun darum gehen empirische Forschungsergebnisse vorzustellen und mit der Vereinbarkeit mit Globalen Lernen im Geographieunterricht zu überprüfen.

3.3.1 Schülereinstellung zu globalen Unterrichtsthemen (nach Uphues 2007)

Im Kontext der geographiedidaktischen Forschung untersuchte Prof. Dr. Rainer Uphues im Rahmen seines Forschungsprojekts „Die Globalisierung aus der Perspektive Jugendlicher" die Einstellung von SuS als Teilaspekt von Lernvoraussetzungen gegenüber der Globalisierung allgemein, um ferner eine theoretische Grundlage für die Lehrpraxis zu schaffen. Konkret wurde dabei u.a. folgende problemerschließende Fragestellung ins Zentrum der Forschung gerückt: *„Welche Einstellungen haben Jugendliche zur Globalisierung und welche sind die bedingenden Einflussfaktoren?"* (UPHUES 2007, S.2). Es ist anzumerken, dass hierbei zwischen drei verschiedenen Typen von Globalisierungseinstellungen unterschieden wurde (kognitiv, affektiv und konativ), welche in dieser Arbeit nicht weiter erläutert werden sollen (s. dazu UPHUES 2007, S.115f.).

Diese Untersuchung hat im Kern aufgezeigt, dass die Einstellung Jugendlicher zur Globalisierung insgesamt deutlich positive Tendenzen aufzeigt:

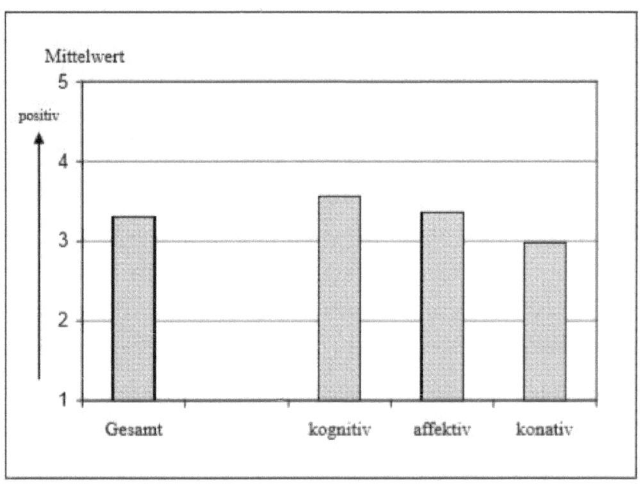

Abb.3: Die Einstellung Jugendlicher zur Globalisierung insgesamt und differenziert nach den drei theoretischen Subskalen (n = 1061) (Quelle: UPHUES 2007, S.80)

Der Mittelwert der Gesamtskala aller von Uphues verwendeten Items beträgt 3,30 und liegt somit klar über dem arithmetischen Mittel der fünf-stufigen Skala (3,00) (s. Abb. 2). Als Einflussfaktoren für die Einstellung von SuS gegenüber der Globalisierung wird dabei u.a. der Konsum von Medien (bspw. TV), der Kontakt mit ausländischen Freunden oder die private Kommunikation über globale Themen herangezogen. Diese Einflussfaktoren haben allesamt durch den Globalisierungsprozess eine dynamische Entwicklung erfahren. Auch wurde herausgefunden, dass die Jugendlichen über ausgeprägte Wissensbestände hinsichtlich globaler Zusammenhänge verfügen. Ferner sind sie sich tendenziell durchaus über Verantwortlichkeiten im Rahmen dieser Prozesse bewusst und sehen die Chancen, aber auch die Problemlagen, welche den globalen Veränderungen immanent sind. Eine weitere Erkenntnis ist ferner, dass die Ausprägung angemessener Verhaltensweisen bzw. die Bereitschaft zum zukünftigen global verantwortungsvollen Handeln deutlich geringer ist. (UPHUES 2007, S. 87f.).

Im Sinne des Globalen Lernens im Geographieunterricht können die Ergebnisse von Uphues also durchaus als positiv angesehen werden. Durch eine überdurchschnittlich positive Einstellung gegenüber der Globalisierung, also dem Hauptantrieb der Implikation des Globalen Lernens, ist eine Lernvoraussetzung für einen gewinnbringenden Lehr-Lernprozess durchaus gegeben. Auf der anderen Seite kann man den Ergebnissen auch entnehmen, dass auf der Ebene des aktiven Handelns im Rahmen einer nachhaltigen globalen Welt noch keine positive Einstellung besteht. Dies gilt es als Lehrkraft also in der Durchführung des Geographieunterrichts zu berücksichtigen, wobei in spezifischen Themenbereichen (bspw. Klimawandel) noch expliziter hingearbeitet werden sollte. Die in Kap. 3.2 formulierte „interkulturelle Kompetenz" umfasst eben auch diesen Aspekt des Handelns seitens der SuS in Bezug auf globale Problemstellungen. Es muss den SuS ferner auch durch die Vermittlung der angesprochenen horizontalen und vertikalen Kohärenz vermittelt werden, dass ein auf Nachhaltigkeit fokussiertes Handeln in der lokalen Ebene positive Konsequenzen für die globale Ebene haben kann.

3.3.2 Schülerinteresse an Themen, Regionen und Arbeitsweisen des Geographieunterrichts (nach Hemmer/Hemmer 2010)

Auch in einem weiteren Teilaspekt der individuellen Lernvoraussetzungen von Schülerinnen und Schülern lassen sich Forschungsergebnisse finden, welche für Lehrkräfte im Sinne eines Globalen Lernens im Geographieunterricht berücksichtigt werden können. So untersuchten Ingrid und Michael Hemer über den Zeitraum von 1995 bis 2005 für welche Themen, Regionen und Arbeitsweisen im Geographieunterricht sich SuS interessieren. Bei der Auswertung der Ergebnisse lassen sich hierbei bereits Entwicklungen einer immer weiter globalisierten Gesellschaft feststellen:

1995		mean	2005		mean
1	Naturkatastrophen	4,28	1	Naturkatastrophen	4,19
2	Weltraum	4,16	2	Weltraum	3,78
3	Entdeckungsreisen	4,01	3	Krisen-/Kriegsgebiete	3,73
4	Entstehung der Erde	3,93	4	Kinder weltweit	3,73
5	Waldsterben	3,86	5	Entdeckungsreisen	3,69
6	Naturvölker	3,82	6	Leben der Menschen	3,66
7	Treibhauseffekt	3,74	7	Entstehung der Erde	3,61
8	Verkehr und Umwelt	3,74	8	Armut und Hunger	3,60
9	Eingriffe des Menschen	3,69	9	Naturvölker	3,60
10	Umweltprobleme	3,69	10	Rassen und Völker	3,51

Abb.4: Interesse von SuS an einzelnen Themen des Geographieunterrichts 1995 – 2005 im Vergleich (Quelle: HEMMER/HEMMER 2010, leicht verändert)

So interessieren sich die SuS im Jahr 2005 auffällig stärker für Themen, welche im Kontext einer global vernetzten Welt mehr in den Vordergrund rücken (Abb.4). Unter welchen Bedingungen Gleichaltrige oder allgemein Menschen in den weiteren Teilen der Welt leben und wie diesbezüglich gegebenenfalls Armut und Hunger bekämpft werden könnte sind Beispiele für immer mehr im Fokus stehende und medial präsente Inhalte. Auch dienen diese Themen der vom Globalen Lernen geforderten Hinführung zu einer interkulturellen Kompetenz, wobei auch unter diesem Aspekt durchaus positive Lernvoraussetzungen bei den SuS vorhanden sind. Allgemein lässt sich anhand dieser Forschung auch erkennen, dass es allgemein Themen mit besonders starker medialer und visueller Präsenz sind, welche SuS stärker Interessieren.

1995		mean	2005		mean
1	Nordamerika/USA	4,09	1	Nordamerika/USA	3,77
2	Australien	3,92	2	Südeuropa	3,74
3	Südeuropa	3,62	3	Australien	3,66
4	Arktis/Antarktis	3,61	4	Bayern	3,59
5	Westeuropa	3,61	5	Westeuropa	3,59
20	Südosteuropa	2,90	20	Die neuen Bundesländer	2,99
21	Die deutschen Mittelgebirge	2,86	21	Ostmitteleuropa	2,91
22	Ostmitteleuropa	2,81	22	Die deutschen Mittelgebirge	2,89
23	Russland und Nachfolgestaaten	2,80	23	Südosteuropa	2,88
24	Die neuen Bundesländer	2,72	24	Russland und Nachfolgestaaten	2,85

Abb.5: Interesse von SuS an einzelnen Regionen 1995 – 2005 im Vergleich (Quelle: HEMMER/HEMMER 2010, S.87 leicht verändert)

Eine wesentliche Erkenntnis der Studie bezüglich des Schülerinteresses an Regionen war, dass sich *„sowohl 1995 als auch 2005 [...] bezüglich der Rangfolge der drei theoretisch gebildeten regionalen Subskalen das gleiche Bild [zeigte]. Das Interesse nahm von Deutschland über Europa zu Außereuropa, also vom Nahen zum Fernen, zu"* (HEMMER/HEMMER 2010, S.84) (Abb.5). Berücksichtigt man außerdem, dass es trotzdem nicht zu einem Abfall des Interesses für den Heimatraum (bspw. Bayern) kam, so ist dies für das Konzept Globales Lernen ebenfalls zielführend. Auch hierbei kann wieder die mediale Präsenz der Regionen (bspw. USA) als Einflussfaktor für ein ausgeprägtes Interesse herangezogen werden. Eine Besonderheit zeigt dieses Ergebnis aber in Bezug auf das Interesse für die Region Russland, welches stets ein geringeres Interesse bei den Jugendlichen hervorruft (Abb.5). Denn diese Region kann man durchaus als einen in den Medien stark vertretenden Inhalt bezeichnen. Hierbei könnte man mehr die qualitative Komponente der Medienpräsenz heranziehen, welche sich durch eine häufig negative Darstellung auszeichnen. Hierbei gilt es als Lehrkraft ggf. besonders sensibel auf eventuelle Stereotypen einzugehen.

1995		mean	2005		mean
1	Experimente	4,55	1	Experimente	4,50
2	Arbeit mit Filmen	4,47	2	Computer	4,38
3	Exkursionen/Unterrichtsgänge	4,26	3	Arbeit mit Filmen	4,33
4	Arbeit mit Fotos/Bildern	4,12	4	Arbeit mit Fotos/Bildern	4,11
5	Arbeit mit originalen Gegenständen	3,95	5	Exkursionen/Unterrichtsgänge	4,02
14	Arbeit mit Zahlen/Tabellen	2,69	15	Arbeit mit Zahlen/Tabellen	2,76
15	Arbeit mit Texten	2,64	16	Arbeit mit Texten	2,64
16	Arbeit mit dem Schulbuch	2,44	17	Arbeit mit dem Schulbuch	2,51

Abb.6: Interesse von SuS an einzelnen Arbeitsweisen des Geographieunterrichts 1995 – 2005 im Vergleich (Quelle: HEMMER/HEMMER 2010, S.93 leicht verändert)

In Bezug auf die von SuS bevorzugten Arbeitsweisen im Geographieunterricht bemerkt man sofort, dass das Arbeiten mit dem Computer, also einem digitalen Medium, besonders präferiert wird. Dies wird nach den Erkenntnissen von 2005 nur vom Experiment als Arbeitsweise übertroffen. Hemmer und Hemmer konstatieren außerdem, *[...] dass Schülerinnen und Schüler sich konstant stärker für die Arbeitsweisen interessieren, die einen konkret-ikonischen Charakter oder einen potentiellen Handlungscharakter aufweisen oder die eine reale Begegnung ermöglichen."* (HEMMER/HEMMER 2010, S.91). Auch diese Erkenntnis gilt es ferner in die Planung und Umsetzung von Geographieunterricht zu berücksichtigen. Auch bezüglich der Arbeitsweisen, welche am wenigsten Interesse bei den SuS hervorrufen, sollte man als Lehrkraft den Einsatz dieser genau reflektieren: *„Nachdenklich machen sollte das relativ schlechte Abschneiden von Karte und Atlas, aber auch vom Schulbuch."* (HEMMER/HEMMER 2010, S.91).

4. Fazit und didaktische Konsequenzen

Resümierend lässt sich zunächst sagen, dass sich das neue Konzept „Globales Lernen" im Geographieunterricht durchaus gut mit den veränderten Lernvoraussetzungen der Schülerinnen und Schüler vereinbaren lässt. Dies ergibt sich aus den gesellschaftlichen und ferner bildungsbezogenen Entwicklungen durch den Globalisierungsprozess, welche gänzlich neue Herangehensweisen an die Vermittlung von Unterrichtsinhalten erfordert. Durch eine immer weiter miteinander vernetzte Welt reicht es gegenwärtig nicht mehr aus geographische Themen einzeln zu betrachten, sondern vielmehr müssen diese auf ihre Wirkung innerhalb eines globalen Netzes im Sinne einer Weltgesellschaft untersucht werden. Dies spricht in der Praxis auch die Lebenswirklichkeit der Jugendlichen an, welche durch die Nutzung neuer digitaler Medien ebenfalls global interagieren und auch im späteren Berufs- und Bildungsweg mit der Umsetzung einer internationalisierten und interkulturellen Arbeitsweise konfrontiert werden. Auch ist die Tendenz zu erkennen, dass sich die Lernvoraussetzungen der Kinder und Jugendlichen durch die Globalisierung der Gesellschaft und der Kommunikationswege vehement verändert haben. Bereits im vorschulischen Bereich sind sie in der Lage globale Vernetzungen zu erkennen und zu Nutzen (bspw. über Computerarbeit). Als Lehrkraft gilt es diese Entwicklung als Chance für einen zeitgemäßen kompetenz- und lernzielorientierten Unterricht zu nutzen. Auf der Basis der interkulturellen Kompetenz und anderen in dieser Arbeit erwähnten Leitmotiven Globalen Lernens sollte versucht werden, seine Unterrichtsinhalte und –methoden anzupassen. Dies gilt insbesondere auch für Inhalte, welche durch die globalen Prozesse nicht ausschließlich positive Einflüsse erfahren mussten (bspw. Region Russland). Bezüglich der Berücksichtigung der Lernvoraussetzungen der SuS als elementar wichtige Komponente zum Erreichen eines gewinnbringenden Unterrichts lassen sich anhand der in dieser Arbeit vorgestellten empirischen Befunde eine Vielzahl didaktischer Konsequenzen herauskristallisieren, welche im Kontext des Globalen Lernens hilfreich sein könnten. Einige davon sollen abschließend vorgestellt werden:

> Didaktische Konsequenz Nr.1:

Eine Förderung der Bereitschaft zu zukünftigen global verantwortungsvollen und nachhaltigen Handelns der SuS sollte verstärkt im Fokus des Unterrichts stehen.

Die Ergebnisse von Uphues 2007 haben aufgezeigt, dass sich die Einstellung gegenüber globalen Themen bei den SuS verbessert hat, es im Bereich der Eigeninitiative jedoch durchaus Nachholbedarf gibt. Um diesen Aspekt in eine positive Richtung zu lenken, bietet es sich für die Lehrkraft an, den SuS noch prägnanter aufzuzeigen, inwiefern ihr Handeln Auswirkungen auf globale Strukturen haben kann. Ein Beispiel für eine solche Umsetzung könnte die Thematisierung des ökologischen Fußabdrucks sein. Zu veranschaulichen wäre dies beispielsweise über das Konsumverhalten der Jugendlichen. So könnte man durch besonders ansprechende Arbeitsweisen, welche Hemmer und Hemmer aufzeigen, neben der Einstellung auch das Interesse für verantwortungsvolles Handeln im globalen Kontext verstärken. Hierbei könnte man beispielsweise eine Projektarbeit erarbeiten lassen, in der die SuS herausfinden sollen, wo ihre Konsumgüter herkommen und welche Ressourcen dafür verbraucht werden.

> ➢ Didaktische Konsequenz Nr.2:

Auf unterschiedliche Unterrichtsinhalte müssen individuell angepasste Arbeitsweisen gewählt werden.

In der Studie von Hemmer und Hemmer 2010 konnte herausgefunden werden, dass es bestimmte Inhalte im Geographieunterricht gibt, bei welchen SuS konstant eher weniger Interesse aufzeigen. Dies war beim Beispiel Russland festzustellen. Im Kontext des Globalen Lernens sollte es jedoch als relevant angesehen werden, dass die SuS Russland als eine der für das globale Weltgeschehen relevantesten Akteure kennen und verstehen lernen. Hierbei bietet es sich also wiederum an, dieses Thema mit Arbeitsweisen mit besonders *konkret-ikonischen Charakter* zu behandeln. Im Hinblick auf grundlegende didaktische Prinzipien sollte dabei auch die Methodenvielfalt berücksichtigt werden. Konkret könnte dies so durchgeführt werden, dass man im vorausgehenden Themenbereich (Bsp. Jahrgangsstufe 10: USA) auf diese Arbeitsweisen verzichtet, damit sich kein Gewöhnungseffekt einstellen kann und der positive Effekt von bspw. Computerarbeit beim Thema Russland spürbar wird.

> ➢ Didaktische Konsequenz Nr.3:

Es sollte vermehrt die Heterogenität der individuellen Lernvoraussetzungen der SuS berücksichtigt werden.

Durch neue Möglichkeiten der Informationsbeschaffung bringen die SuS immer unterschiedlichere Lernvoraussetzungen wie Vorwissen oder Interesse mit in den Unterricht. Dies kann auf der einen Seite positive Einflüsse auf den Unterricht haben, indem einige Schüler ein besonders breites Vorwissen bzw. hohes Interesse für anstehende Unterrichtsinhalte besitzen. Auf der anderen Seite bietet dies jedoch auch Raum für eine größer werdende Kluft bezüglich der Lernvoraussetzungen der SuS als Kollektiv. Deswegen ist es zunehmend wichtiger den Kenntnisstand der Klasse im Vorfeld zu diagnostizieren. Auf dieser Grundlage kann demnach individueller auf den Lernprozess der einzelnen Schülerinnen und Schüler eingegangen werden. Konkret könnte dies so durchgeführt werden, dass man anhand der Interessensschwerpunkte Gruppen bildet, welche sich zunächst mit dem für sie interessanten Teilaspekt befassen und anschließend als „Experten" zu Mischgruppen zugeordnet werden, wonach diese ihr Expertenwissen mit den anderen Mitschülern teilen und am Ende der Unterrichtseinheit ein annähernd homogener Kenntnisstand erreicht werden könnte.

> <u>Didaktische Konsequenz Nr.4</u>:

Unter Berücksichtigung der Lernvoraussetzungen der SuS sollten die Unterrichtsinhalte an das Leitmotiv des Globalen Lernens angepasst werden.

Das Lernziel sollte nicht mehr ausschließlich beim Vermitteln konkreter Fachinhalte liegen, sondern vielmehr sollen die globalen Wechselwirkungen zwischen einzelnen Themen in den Vordergrund rücken. So geht es bspw. nicht mehr nur darum, zu geographische Fakten zum Tropischen Regenwald zu vermitteln, sondern eher zu untersuchen wo die globalen Zusammenhänge zwischen der in dieser Region handelnden Akteure und anderen Staaten liegen. Das Leitmotiv der interkulturellen Kompetenz sollte demnach vermehrt in unterschiedlichen Themenbereichen auftauchen. Idealerweise paart man dieses übergeordnete Lernziel wiederum mit ansprechenden Arbeitsweisen und Inhalten, sodass man einen dualen positiven Effekt erreichen könnte: Den SuS wird der Bereich interkulturelle Kompetenz praxisnah vermittelt und durch besonders ansprechende Arbeitsweisen und Inhalte zeigen diese ein eventuell gesteigertes Interesse für diesen Bereich auf. In diesem Fall sollte also besonders die strukturorientierte Perspektive für die Herstellung eines langfristigen Interesses für den Unterrichtsinhalt berücksichtigt werden.

Literaturverzeichnis

Applis, Stefan: *Wertorientierter Geographieunterricht im Kontext Globales Lernen – Theoretische Fundierung und empirische Untersuchung mit Hilfe der dokumentarischen Methode.* Selbstverlag-HGD. Weingarten. 2012 (S. 15-21).

Deutsche Gesellschaft für Geographie (DGfG): *Bildungsstandards im Fach Geographie für den Mittleren Schulabschluss.* DGfG-Verlag. Bonn. 2014 (S.5-25).

Höhnle, Steffen: Online-gestützte Projekte im Kontext Globalen Lernens im Geographieunterricht – Empirische Rekonstruktion internationaler Schülerperspektiven. Selbstverlag-HGD. Nürnberg. 2013 (S.6-19).

Klafki, Wolfgang et.al.: *Erziehungswissenschaft 2 Funk-Kolleg.* Marburger Grundschulprojekt. Fischer Taschenbuch Verlag. Frankfurt. 1973 (S.162).

Korte, Martin: *Wie Kinder heute lernen.* DVA, 3. Aufl. München. 2010 (S. 88 – 108).

Krapp, Andreas & Prenzel, M: *Research on interest in science: Theories, methods and findings.* In: International Journal of Science Education.33 (1). 2011 (S.27-50).

Langfeldt, Hans-Peter: *Psychologie für die Schule.* Beltz Verlag. Weinheim. 2006 (S. 1-76).

Reinfried, Sibylle: *Schülervorstellungen und geographisches Lernen - Aktuelle Conceptual-Change-Forschung und Stand der theoretischen Diskussion.* Logos Verlag. Berlin. 2010 (S.21-33).

Schrüfer, Gabriele: *Schritte auf dem Weg zur interkulturellen Sensibilität.* In: Schrüfer, G & Schwarz, I. (Hrsg.): Globales Lernen – Ein geographischer Diskursbeitrag. Münster. 2010 (S.101-110).

Schrüfer, Gabriele: *Förderung interkultureller Kompetenz im Geographieunterricht – Ein Beitrag zum Globalen Lernen.* In: Schrüfer, G & Schwarz, I. (Hrsg.): Globales Lernen – Ein geographischer Diskursbeitrag. Münster 2012 (S.10-11).

Uhlenwinkel, Anke: *Geographical Concepts als Strukturierungshilfe für den Geographieunterricht. Ein international erfolgreicher Weg zur Erlangung fachlicher Identität und gesellschaftlicher Relevanz.* In: Zeitschrift für Geogaphiedidaktik. 41. Jahrgang. Heft 1. HGD Berlin. 2013 (S.18-43).

Winther, Esther & **Achtenhagen**, Frank: *Personale traits und selbstregulative states zur Beschreibung von Unterrichtsprozessen.* 2008 In: Unterrichtswissenschaft 36. (S.255-280).

Online-Quellen:

Hemmer, Ingrid & **Hemmer**, Michael: *Schülerinteresse an Themen, Regionen und Arbeitsweisen des Geographieunterrichts - Ergebnisse der empirischen Forschung und deren Konsequenzen für die Unterrichtspraxis.* Selbstverlag-HGD. In: Geographiedidaktische Forschungen Band 41. Weingarten 2010. aus: https://www.uni-muenster.de/imperia/md/content/geographiedidaktische-forschungen/gdf_46_hemmer_hemmer.pdf

Kultusministerkonferenz (KMK): *Orientierungsrahmen für globale Entwicklung.* 2007/2015. aus: https://www.kmk.org/fileadmin/Dateien/veroeffentlichungen_beschluesse/2015/2015_06_00-Orientierungsrahmen-Globale-Entwicklung.pdf

Uphues, Rainer: *Die Globalisierung aus der Perspektive Jugendlicher - Theoretische Grundlagen und empirische Untersuchungen.* Selbstverlag-HGD. In: Geographiedidaktische Forschungen Band 41. Weingarten 2007. aus: https://www.uni-muenster.de/imperia/md/content/geographiedidaktische-forschungen/gdf_41_uphues.pdf

Abbildungsverzeichnis:

Abb.1: https://wb-web.de/wissen/lehren-lernen/lernvoraussetzungen.html

Abb.2: https://www.kmk.org/fileadmin/Dateien/veroeffentlichungen_

beschluesse/2015/2015_06_00-Orientierungsrahmen-Globale-Entwicklung.pdf

Abb.3: https://www.waxmann.com/index.php?eID=download&id_artikel=

ART100918&uid=frei

Abb.4: https://www.uni-muenster.de/imperia/md/content/geographiedidaktische-forschungen/gdf_46_hemmer_hemmer.pdf

Abb.5: https://www.uni-muenster.de/imperia/md/content/geographiedidaktische-forschungen/gdf_46_hemmer_hemmer.pdf

Abb.6: https://www.uni-muenster.de/imperia/md/content/geographiedidaktische-forschungen/gdf_46_hemmer_hemmer.pdf